好的钱，坏的钱，奇怪的钱

좋은돈, 나쁜돈, 이상한돈

给小朋友的金钱礼物

[韩] 权才媛（권재원）· 著绘

杨慧妍·译

中国经济出版社

CHINA ECONOMIC PUBLISHING HOUSE

·北京·

本书中文简体版权经由锐拓传媒取得 (copyright@rightol.com)。

图书在版编目（CIP）数据

给小朋友的金钱礼物：好的钱，坏的钱，奇怪的钱 /（韩）权才媛著、绘；杨慧妍译 . —— 北京：中国经济出版社，2020.8
ISBN 978 - 7 - 5136 - 6197 - 3

Ⅰ . ①给… Ⅱ . ①权… ②杨… Ⅲ . 财务管理 – 少儿读物 Ⅳ . ① TS976.15-49

中国版本图书馆 CIP 数据核字（2020）第 101075 号

北京市版权局著作权合同登记图字：01–2020–2666 号

责任编辑 耿 园
责任印制 巢新强
封面设计 任燕飞设计室

出版发行 中国经济出版社
印 刷 者 北京富泰印刷有限责任公司
经 销 者 各地新华书店
开 本 787mm×1092mm 1/32
印 张 4.5
字 数 64 千字
版 次 2020 年 8 月第 1 版
印 次 2020 年 8 月第 1 次
定 价 42.00 元

中国经济出版社 网址 www.economyph.com **社址** 北京市东城区安定门外大街 58 号 **邮编** 100011
本版图书如存在印装质量问题，请与本社销售中心联系调换（联系电话：010-57512564）

　　这里发生了一件惊天动地的大事：才媛和
头罐同学居然见面了！接下来，为了刚打开这
本书的各位读者，我将"亲切地"用长篇大
论，隆重介绍下才媛和头罐同学。

　　才媛是一位年满十二岁的平凡女孩。这里
补充一句，大家要记住：当你认为所有小孩都
很平凡的那一刻，你就准备大失所望吧。

我不是幽灵。

姓名：权才媛

年龄：十二岁

爱好：存钱、画漫画

特技：耍小聪明

　　如果非要让我说出才媛和其他小孩最不同
的一点（如果把所有的不同点都说一遍的话，
估计这本书都没办法开始就得结束了），那就

是她不愿意把钱存进银行，而是将钱放在脑袋形状的罐子里。

将钱放在银行，才媛会感到不安。她会想：如果银行起火了怎么办？又或者是银行电脑出了问题，我储蓄在那里的钱瞬间清零了怎么办？是不是觉得这些净是太过夸张的幻想？不，这个世界上任何事情都可能发生，所以怎能保证这些事不会发生呢？

才媛对最能安全保管钱财的方法进行一番研究后，将所有的钱放在了脑袋形状的罐子

给小朋友的金钱礼物

里。同时，每晚睡觉前，她都会将钱取出来，一边一遍一遍地数，一边露出愉快的微笑。

姓名：头罐同学
年龄：无从得知
特点：估计曾游历世界各个角落

头罐同学就是才媛用于存钱的罐子，没人知道他是什么时候被制作成这个样子的。他历经了多位主人，最终流落到了二手市场，才媛仅仅花了一千韩元，就把他给买回来了。

才媛给这个罐子起了"头罐同学"的名字（自认为很有学识地在表示"脑袋"的汉字"头"之后写上"罐"字，还附上了表示尊敬的"同学"这样的敬语），并将他当作自己的存钱罐。

好，到这里先结束出场人物的介绍，进入正题。

咯吱

咯吱

　　在某个草虫断了翅膀嗷嗷大哭的夏日夜晚，才媛刚进入梦乡，书桌上一直沉默的头罐同学忽闪着大眼睛，夸张地打着哈欠。他滴溜溜地转动着眼珠子，抽动着脸部的肌肉，生锈的把手发出咯吱咯吱的响声。

　　"进了太多钱，肚子都消化不良了，睡不着呀。当然这个身体（除了脑袋啥都没有，都不知道他在说什么身体）长得太过有魅力，倒是能够理解她一直想把钱塞进来的心情。"

　　头罐同学像苦恼的电影主人公一般，拿捏着气氛发出声音来。

　　"之前的主人将世界各国的货币都装在我这里。他是一个超级无敌胖的吹牛大王，经常与我聊天，讲他怎么赚的钱，怎么花的钱，因

给小朋友的金钱礼物

为钱哭过也笑过，又这样又那样。无论什么时候，他的故事都离不开钱。"

头罐同学的眼睛突然发出神秘的光芒。

"夜深人静的，也没事可做，不如来讲讲关于金钱的故事？可是，讲故事，总得有听众吧。"

头罐同学摇晃着身体，开始跳起了滑稽的舞蹈。

"当啷当啷，当啷当啷，咕啷咕啷咕啷，

睁眼吧，睁眼吧。

忘记我是罐子的事实，

请相信我是一个帅小伙，名叫头罐同学。

咕嘟，咕嘟，当啷当啷……"

随着头罐同学的起舞，肚子里的铜钱发出了轻快的声音。他用没有语调的声音开始了自言自语。

才媛睡眼惺忪，轻轻坐了起来。望着兴高采烈晃着脑袋的头罐同学，她并没有被吓晕过去或惨叫一声，只是打了个长长的哈欠。头罐同学咪咪地笑了。

"看来是被我催眠了。我有一段时间曾经和催眠师一起生活过。我头脑聪明，只要看一遍就记住了，因此幸运地学会了催眠术。想对谁进行催眠，就给那个人听他喜欢的声音就可以了。才媛不正是喜欢"当啷当啷"的钱声吗？好，那就慢慢开始讲故事吧！"

给小朋友的金钱礼物

前　言

•目 录•

头罐同学的
第一则小故事

金钱是衡量价值的工具

从现在开始我将为你讲讲你喜欢的金钱的故事。你应该深感荣幸，可要竖起耳朵认真听哟。

　　才媛打着哈欠，不停地挠着脖子，一副漠不关心的样子，但头罐同学依然用充满活力的嗓音问她："关于金钱的第一个问题是：金钱为什么会诞生呢？"

　　才媛十分傲慢地答道："当然是因为要买东西呀。"

　　"叮咚铛！"

　　头罐同学兴奋地大喊出来。才媛翻了个白眼。

　　"什么嘛？答对的话应该是'叮咚当'，答错的话应该是'铛'，'叮咚铛'是个啥东西？"

　　"你的回答不完全错误，但也不是正确答案。有了钱可以买东西没错，但钱却不是为了买东西而诞生的。这是对金钱价值的误解。"

　　才媛绝不是乖乖让步的孩子。她挥舞着双手，继续追问道："说的不是一个道理吗？金

给小朋友的金钱礼物

钱可以用来买东西，所以才有价值。头罐同学你真是个大傻瓜。"

头罐同学听到"傻瓜"这个评价，顿时勃然大怒。

"首先，我不是傻瓜。我的脑瓜可聪明着呢。另外，你可知道到底什么叫'价值'？"

才媛噘起了小嘴。因为她十分不满意头罐同学那小瞧人的语气。

"那个我肯定知道呀。价值就是所谓的'重要程度'。"

"'重要程度'，嗯，这个回答倒是不错。可是重要程度会因人、因事而异，我来给你讲个有趣的故事。"

头罐同学假咳了一声，就开始讲起了故事。

"曾经有一个拥有一千头黄牛的人，他非常富裕，也很阔气。突然有一天，他特别想吃苹果。

"不是简单地想吃，而是到了不吃就会死的程度，他想吃苹果想得特别迫切。"

"为什么他那么想吃苹果呢？难不成他得了吃不到苹果就会死的病吗？"

尽管才媛在提问，但头罐同学选择无视她的问题，继续将故事讲下去。

"碰巧黄牛主人有一千头黄牛，却没有一个苹果。他家附近也没有卖苹果的商店。黄牛主人最后急得去了苹果果园的主人那里，跟他说自己想用一头黄牛换一篮子苹果。"

给小朋友的金钱礼物

“拿一头黄牛换一篮子苹果？这对黄牛主人来说不是太吃亏了吗？”

“嗯，但是黄牛主人想吃苹果已经想疯了。在他看来，苹果比黄牛更重要。”

“所以呢，后来怎样了？”

“可是苹果果园的主人有黄牛恐惧症。他哪怕看到黄牛的照片，都会吓得屁滚尿流。因此他绝对不会拿苹果来交换黄牛。但他心地善良，直接将苹果作为礼物送给了黄牛主人。”

“苹果主人怎么会得黄牛恐惧症呢？他小时候被黄牛咬了屁股吗？”

才媛的好奇心比刚才更加旺盛了。

“黄牛恐惧症的背后到底有什么故事呀？有黄牛恐惧症的人是不是也会害怕乳牛？”

现在才媛的关注点再也不在“金钱为什么

会诞生"这个问题上了。她只想知道为什么黄牛主人不吃苹果会死掉、苹果主人怎么会得黄牛恐惧症。但是头罐同学没打算解答才媛的任何问题，一味热情地专注在讲述关于价值的故事上。

"从这个故事我们可以知道，同样一件物品，它本身的价值会因人、因情况而异。同样一篮子苹果，黄牛主人可以用一头黄牛来交换，而苹果主人则觉得价值不大，可以免费送出。因此直接比较不同物品的价值该有多难呀！彼此感受到的价值差异太大，都觉得自己是对的，肯定会因此发生争吵；或者为了强行获得自己想要的物品，用偷的方式，或使用暴力也不一定。所以需要金钱来作为标准。"

18

"但是并非一开始就有了金钱不是吗？原始时代不是物物交换吗？"

才媛一反驳，头罐同学马上噘起了嘴巴。

"嗯，知道的不少嘛。原始时代的人类，生活相当简单。任何东西，只要肉眼所见的都可以吃，又将植物或动物皮制成衣服来穿。需要什么物品，直接用自己的力气获取，因此也就不需要金钱。"

"看吧，我的话不都是对的吗？就说以前没有金钱嘛。"

才媛摆出一副傲慢的样子说道。头罐同学无动于衷，继续往下讲。

"随着时间的流逝，人们不再依赖狩猎或采集来获取食物。他们开始种田，饲养动物。种了庄稼，粮食变得充足，人们的关注点也就开始转移到新鲜事物上了。慢慢地，有了制作碗罐的人，有了专门做农活器具的铁匠，有了专门饲养家畜的人。从那时开始，人们再也不需要将东西亲手做出来才能使用了，只需要将自己拥有的东西和对方拥有的东西进行交换即

19

可，这就是所谓的'物物交换'。但前面也说过，物物交换很可能出现矛盾，因为想要交换的物品价值不一。人们为了享受和平生活，需要一个基准。"

"衡量价值的基准吗？"

"嗯。利用厘米、克这样的标准来测量长度或称重的话，就没有必要因为哪个更长、哪个更重而争吵了。同样地，如果有衡量价值的标准，就可以用同样的标准来比较不同物品的价值，也就不需要争吵了。"

当才媛知道头罐同学不会再多讲关于黄牛主人和苹果主人的故事时，她傲慢地开始挖起了鼻孔。

又不是秤，怎么能衡量价值呢？

给小朋友的金钱礼物

头罐同学张大了鼻孔，抬高了嗓门。

"接下来是关键部分，请放开鼻孔，竖起耳朵认真听。"

才媛吐出一口气，将手指从鼻孔里抽出来。

"衡量价值的标准，就是金钱。金钱是为了能够和平交换而诞生的。记住，不是简单的交换，是'和平交换'。"

说到这儿，头罐同学缓缓闭上眼睛，吟起了诗。

温度计或秤测量看不见的温度或重量
显示为肉眼可见的标识
金钱衡量看不见的价值
呈现为肉眼可见的样子

金钱不仅能衡量物品的价值
还能衡量劳动力或才能的价值
看不见的价值
买一斤桃子 3000 韩元，看一场桃子舞 5000 韩元

我为何这个样子？

金钱是衡量价值的工具

头罐同学睁开眼睛问道："我吟的诗如何？"

才媛毫不犹豫地回答道："烂透了。"

头罐同学非常生气。

"哼，那是因为你还不会鉴赏诗歌。不管怎么说，有了标准之后，长相不同、重量不同、用途不同的物品之间进行比较就容易多了。假设像我这样好看的罐子的价值是 5 万韩元，羽毛帽的价值是 3 万韩元，那么罐子的价值就是羽毛帽和 2 万韩元的简单相加。金钱的作用就是对不同价值之间的差异进行补充，使之达到平衡。"

才媛老练地质问道："也会有人觉得制定的标准不公平吧？制作羽毛帽的人也许会觉得羽毛帽的价值比滑稽可笑的罐子的价值更高呢。"

头罐同学的表情开始变凶。

给小朋友的金钱礼物

"首先，罐子一点也不滑稽可笑。另外，定下的标准确实没办法满足所有人。就像刚才说的，对于同一件物品，不同的人感受到的价值不一样。但尽管如此，定下标准之后，交易变得更加和谐、更加便利了，因此人们也就接受了定下来的标准。在没有任何标准的情况下将罐子和帽子进行交换，双方会因为都觉得自己的物品更有价值而发生争吵，最终没办法达成交易。工作后的工资、交通费、入场费、税金等所有这一切其实都是定好的标准。想象一下，如果没有规定好标准，一切该多么混乱。"

　　才媛听完头罐同学冗长的故事，渐渐没有

如果没有规定好交通费……

金钱是衡量价值的工具

了精神。她想把头罐同学胡说八道的嘴巴给缝上，但没办法，他只是个罐子……头罐同学不懂才媛的心，继续讲金钱的故事。

"一开始使用的金钱是物品。例如粮食、布料、食盐，这些都是大家需要用到也觉得很有价值的物品，这一类型的钱叫作'实物货币'。路边那种四处辗转的小石块这类没什么价值的物品，自然就没办法成为衡量价值的标准。拿数字来作比喻的话，无论多少个0相加，不都还是0吗？"

头罐同学没有停下来，接着说道："不仅如此，人们也曾将金子、银子、羽毛、动物骨头等装饰品当成钱使用。"

曾被用作货币的物品

粮食：古埃及将粮食当钱使用，曾有"粮食银行"一说。人们将粮食寄存在王室仓库或个人运营的仓库，需要的时候过去取，也可以借用在仓库保管的粮食。

食盐：以前交通不发达，食盐在内陆地区十分珍贵，要用同等重量的金钱来交换。古罗马帝国的军人或官吏的工资就是食盐。月薪的英语"salary"，也起源于拉丁语的"支付食盐（sal）"。

布料：韩国古王朝之一的百济，曾将大米和布料当货币来使用。将丝绸制成的大块布料作为大笔金钱，丝线或麻布丝作为零钱。

金和银：因为自带闪亮的光泽，很久以前金银就被视为神圣的存在。特别是金子的黄金光泽，被视如太阳光。东西方很多王室和贵族为了炫耀自己的权力，会将金子当作饰品。古巴比伦时期，金银被当作月薪发给了统治阶级。金和银作为钱来使用自有其便利性，而且价值又高，所以很多国家都将这两者当成正式的钱来使用。

贝壳：人类历史上使用最久的钱，在亚洲、非洲和太平洋的岛屿上都得到了广泛使用。象征宝物的汉字"宝"后面跟着象征贝壳的"贝"字，哪怕从这一点上看，也能知道贝壳曾经被看得十分贵重。

金钱是衡量价值的工具

"无论多么贵重，装饰品不还是一点用都没有？又不能拿来吃又不能拿来穿，像小石块一样。"

　　才媛歪着脑袋追问，头罐同学也歪着脑袋回答："你虽然身为人类，但也不怎么了解人心嘛。天天忙于吃饭、生计的人是不可能拥有装饰品的，钱多或地位高的人才有资格享用装饰品。装饰品彰显的就是富贵和权力，拥有装饰品的人会备受他人的羡慕和尊重。装饰品能够给人带来自信和优越感，因此和粮食、家畜这类实用物品相比，也相当受重视。但我呢，没有装饰品，也能自信满满地活着。"

给小朋友的金钱礼物

"那不叫自信，应该叫自负吧。"

才媛十分受不了头罐同学自负的模样，于是"啪"的一声敲了一下头罐同学的鼻梁。

"啊呀！"

头罐同学哀号一声，原地打转了一圈。尽管他看起来很痛，但才媛一点都不觉得他可怜，或感到不好意思。头罐同学大声叫了起来。

这可是犯罪，犯罪呀！我无法原谅你这个坏蛋。像你这样滥用暴力的人应该被关在监狱里度过余生。

那可不是犯罪，只能说是事故。我漂亮的手一不小心划过头罐同学又硬又丑的鼻子上方。

金钱是衡量价值的工具

头罐同学的脸开始泛红，嘴像金鱼一样一张一闭，反复吐出气息。才媛想着头罐同学可能会"砰"的一声爆炸开来，不由得往后退了一步。

但是头罐同学很快调整好气息，重振威严，紧接着说出了一番非常奇怪的话。

"哼。如果你能把我体内存的所有钱都给我的话，我可以宽宏大量地原谅你。"

才媛根本没想过取得头罐同学的原谅，正准备抬起手来再给他一下，但她突然对自己刚刚听到的话产生了怀疑。于是她把手放下来，问道："如果我给你钱的话，你就会原谅我？头罐同学你是在说花钱可以买到宽恕吗？真奇怪了。"

头罐同学露出了神秘的微笑。

"奇怪？可是这种奇怪的事就是人类规定的。"

"你说什么？"

"人们不仅对商品或劳动力标价，对悲伤或开心之类的情感，甚至是人的价值，都用钱来标示呢。"

才媛突然感到十分无语，心想：情感有什么所谓的价值？还说什么人的价值，在学校里我们可是学过"人是无法用金钱来定价的珍贵存在"。尽管如此，才媛还是决定先听完头罐同学的话。

"人们去参加婚礼或周岁宴这等喜庆之事时，或者为了安抚置办葬礼之人的忧伤时，都会给钱吧。在基督教、佛教、印度教等大部分宗教里，向神表达感谢或者为了拯救自己的灵魂时，也会交钱。为了使自己的罪行获得宽恕而交罚金，在历史上也是相当常见的事情。"

才媛无法接受"交钱以获得宽恕"这件事。

用金钱来抵消惩罚

●古代美索不达米亚地区将银当成货币来使用。咬了别人的鼻子要交1迈纳（换成古希腊的重量单位约是500克）的银作为罚金，扇别人一耳光要交10谢克尔（约150克）的银。

●古朝鲜的第八条法律中有这样一句话："偷别人东西的人，要成为那个主人的奴隶，如果想获得饶恕，则需要缴纳50万钱。"（"钱"是一种货币单位）

交了钱，犯的错就能得到赦免？

宗教

"即便交了罚金，做错的事也不会凭空消失不是吗？无论给多少钱，身为父母，是无法原谅杀死自己孩子的人的。"

以眼还眼，以牙还牙。

头罐同学像念剧本台词一样说道："如果不宽恕罪行的话，那争吵永远无法停歇。罚金就是为饶恕罪行、守护社会的和平而诞生的。小罪交微小的罚金，大罪交繁多的罚金。罚金的多少就成了衡量罪行大小的标准。至于杀人的罚金，则取决于被杀之人的身份。杀死普通人的罚金和杀死国王的罚金差别可大着呢。如果杀的是奴隶，罚金也可以不交。长此以往，人们就以人被杀之后交的罚金来定义他的价值，比如，一个奴隶的价值是多少、一个平民的价值是多少、一个贵族的价值是多少……这样。"

才媛的脑袋歪向了一边。

"反正我觉得用金钱来衡量人的价值这件事，完全不对，简直不像话。"

金钱是衡量价值的工具

　　但同时，才媛却开始困惑起来，自己的价
值如果用金钱来计算，到底会是多少。自己打
架很在行，学习却马马虎虎。别人支使自己去
做的事情做得不怎么样，但是自己喜欢的事情
一定会认真投入。对了，自己很会画漫画，擅
长创作搞笑的故事，将画成的漫画给朋友们看
的时候，大家都会看得津津有味。问题是老师
不怎么喜欢自己在课堂时间边哧哧笑着边画漫
画这件事。思来想去，才媛始终无法判断自己
的价值到底是多少。

　　才媛决定先放下思考自己身价的事，重新
认真听起了头罐同学的话。

金钱是衡量价值的工具

如今这个时代，在人的身上贴上标签再出卖，会被认为是不当之事，但在过去，这种事情简直理所当然。价值随着时代的变化而改变。想想博物馆玻璃窗里摆放着的贵妇般优雅的农具，它们之前也只不过是被用来挖地而已。

头罐同学看到才媛正认真地聆听，觉得很满意，感觉自己就像拥有了第一位弟子的老师一样。

"现在觉得正确或理所当然的事情，在其他时代、其他地方有可能不被接受。过去根本没有想过要用钱去衡量干净的空气和干净的水的价值，因为那些东西想当然是可以免费获取的。可是如今呢？空气和水一被污染，人们为

水的价值随时代变迁而不同。

给小朋友的金钱礼物

了得到干净的空气和水，不都愿意花钱去买空气净化器、净水器、矿泉水吗？"

才媛点了点头，陷入沉思。

"人的价值也在发生变化。以前人们觉得跳舞、唱歌、演戏的民间艺人很卑贱，但如今，艺人成了大家羡慕的对象。曾经有人认为做菜只是女人的事情，现在也有很多有名的男厨师。像这样，喜欢或讨厌、对或错、一般或重要等这些所谓的价值标准，一直都在变化着。"

100 韩元的价值发生了怎样的变化？

| 月薪 | → | 一碗牛肉汤 | → | 一根冰棍 |

1930 年
公务员一个月的薪水

1960 年
一碗牛肉汤

1981 年
一根冰棍

才媛没有想到，所谓的价值也会发生变化，她一直认为世界从一开始到现在都是一成不变的，将来也一定会如此。才媛皱起了眉头，将脑袋歪向一边。她好像在集中精力思考难题，头罐同学在一旁默默等待才媛将自己的想法整

金钱是衡量价值的工具

理清楚。过了一会儿，才媛张开了嘴巴。

"1厘米在世界任何国家都是同样的长度，哪怕过了100年也是一样的长度。1克也是如此。正因为它们不会发生变化，才能成为标准。如果价值的标准一直发生变化，那还能称之为标准吗？"

头罐同学甚是高兴。真奇怪，才媛主动抛出问题，好像是件天大的好事一样。

"Bravo！真是个好问题。回答这个问题不是一件简单的事。如果硬要我来回答的话，我的答案会是这个。"

才媛睁大双眼，期待着头罐同学的回答。头罐同学噘起嘴唇，一个字一个字地、用力地说道：

这也是没办法的事。

才媛本来在期待着一个伟大的回答，听到

给小朋友的金钱礼物

这儿，她认为头罐同学在捉弄自己，但她也没想乖乖被捉弄。她也噘起嘴唇，使劲地、一个字一个字地、清楚地说道：

荒唐.

　　令人吃惊的是，头罐同学一点也不生气，反倒对着才媛直点头。

　　"即使你觉得荒唐，也没办法。和长度、重量有所不同，价值一直都在变。这是因为价值反映的是人心。在长度或重量里没有人心在作祟，无论是看起来长还是感觉重，实际长度或重量都不会变。但价值这种事，取决于人的想法或感觉。想法或感觉都在不断变化，价值又怎么可能不变呢？"

　　才媛一下子不知道说什么好了。但更令她不可思议的是，她也不知道自己为什么无话可说。是因为头罐同学承认自己的回答确实荒唐的态度？还是因为自己曾坚信价值不会发生任何改变这件事太过荒唐呢？

才媛右边的太阳穴钻心地疼，突突地狂跳着，于是她用自己的大拇指用力按住太阳穴，说道："如果价值的标准一直都在发生变化的话，那作为价值标准的金钱也应该在不断发生变化。啊，这一切都好荒唐。"

头罐同学微微一笑，看着才媛。

"是的，就是因为看起来十分荒唐，所以了解金钱这件事便甚是有趣。比起那些原来就很完美的东西，荒唐一点的东西才更加有趣。你和我多聊聊，慢慢就会懂的。"

才媛翻了翻白眼。"慢慢"？难不成我们还要再见面？这张丑陋的脸现在看起来已经够讨厌的了。才媛刚想回答"不要"，突然听见挂在墙上的老旧挂钟"铛铛铛"地响了起来。

才媛被吓得突然蜷缩了起来，身子哆哆嗦嗦地发抖。催眠被解除了。才媛吓了一大跳，

给小朋友的金钱礼物

自己怎么会坐在床的边缘？

"为什么我会坐着睡觉？刚才做的这个奇奇怪怪的梦又是什么？我的梦里好像出现了头罐同学呢。"

才媛仿佛要看穿头罐同学一样直勾勾地盯着他，但头罐同学就像一个再普通不过的罐子一样，老老实实地待在书桌上。

"真是个奇怪无比的梦呢。"

才媛重新躺在床上，恍惚间沉睡了过去。

39

头罐同学的
第二则小故事

金钱的生命在于信任

才媛在淡黄色的灯光下看着书，这是一本名为《王子与贫儿》的书，内容十分有趣。读了好一会儿，她突然抬起头，直勾勾地盯着头罐同学。头罐同学的眼珠被灯光反射，散发出迟钝的光彩。才媛用铅笔扎了一下头罐同学的眼睛，却什么事也没有发生，她再刺一下，也是一样的情形。

"可能只是个梦而已。罐子不可能说话的嘛。"

才媛合上书本，往床上一躺，睁大双眼，静静地凝视着黑暗。她不喜欢在一片黑暗中闭上眼睛。一闭上眼睛，万一床底下冒出个什么东西来怎么办？睡着了它跳出来怎么办？不过既然睡着了，也就什么都不会知道，没什么大不了的。因为最关键的是会不会感到害怕。

才媛非常缓慢地闭上双眼，又睁开双眼，

给小朋友的金钱礼物

来来回回重复了十七次，紧接着就轻微地打起了呼噜。

头罐同学很自然地低下头来，猛地咬住已经被吃了一半的巧克力派。这是才媛刷牙前吃剩的。

啧啧

嗯嗯

"哇哦，味道真不错。"

心满意足的头罐同学愉快地晃起了脑袋，当啷当啷的铜钱声随即响了起来。都还没开始念咒文，才媛就已经爬了起来。

"催眠这东西也就第一次比较难，只要成功过一次，下一次哪怕只是微弱的信号，也很容易成功。《王子与贫儿》这本书又是在讲什么内容呢？"

才媛扭了扭酸痛的脖子，慢悠悠地解释道："在某个国家，生活着一位王子和一位贫民窟里的穷孩子。怎么说呢？两个人简直长得一模一样。两个人命运般地相遇了，王子提议和贫儿换衣服穿。可是衣服换完的那一瞬间，人们就把贫儿认成王子，将真正的王子认成贫

金钱的生命在于信任

王子和贫儿因为一身衣服，身份发生逆转。

儿。王子再怎么强调自己是真正的王子，也没有人愿意相信他。相反，穿上了王子衣服的贫儿，无论犯多少错误，都依然被当成是王子。"

"哇哦，这可真是一本教人认识钱为何物的书。"

听到头罐同学的话，才媛直摆手。

"这是什么话？这本书里可一点都没提及金钱。"

头罐同学趾高气扬地说道："比喻而已，就像诗歌一样。哦，刚刚想到了一首特别酷的诗，听听看哟。"

头罐同学轻轻闭上眼睛，用清脆的嗓音吟起诗来。

给小朋友的金钱礼物

王子之所以是王子

不在于他拥有特别的能力或强大的力量

而在于人们认为他就是王子

如果人们不相信的话，那王子就什么都不是

金钱之所以是金钱

不在于它有价值

而在于人们认为它有价值

如果人们不相信的话，那金钱就什么都不是

才媛一脸不满，嘴角向下撇。

"你说金钱什么都不是，我觉得这句话就有问题。我们可以按照金钱上标记的数额来购买物品，这就能证明金钱有价值。"

头罐同学看出才媛一点都不喜欢自己的诗歌，便绷起脸来，气鼓鼓地问道："你为什么相信自己拿着钱就可以买到东西呢？"

"那是肯定的呀。"

"为什么那么肯定？"

"因为大家都是这么认为的。"

才媛说完后，赶紧闭上了嘴巴。因为自己作出的回答，不正和头罐同学刚刚说的"金钱之所以是金钱／不在于它有价值／而在于人们认为它有价值"一模一样吗？才媛有点不耐烦了，而此时的头罐同学一副"你看看"的表情，一脸得意扬扬。

"正因为人们都像你这般，毫无疑心地选择了相信，铁片或纸片才得以成为金钱。人们不怀疑贫儿的身份，相信他是王子，贫儿才有机会成为王子。因此，金钱的本质不是大米，不是金属，也不是纸片，而是信任。"

"但不管怎么说，你说的'金钱的本质是信任'这句话也太过分了吧。"

才媛直到最后一刻都不愿向敌人屈服，她像勇敢的斗士一样反抗道。

"哼，看来你还是很难接受我的话。好吧。那我就给你讲讲波利尼西亚石头货币的故事，证明金钱就是基于信任而存在的。"

头罐同学"咕咚"一声将嘴里含着的巧克力派一口气吞了下去。

"波利尼西亚有一个叫'雅浦'的小岛，这个小岛很久以前就开始使用石头做成的货币。可是雅浦岛是泥土堆积成的岛屿，几乎找不到任何石块。要制作石头货币，需要冒着生命危险航行到400千米远的帕劳岛。便宜的物品，就用小石块做买卖，土地、房子、船等贵重物品，则需要用巨大的石头来作交易。但是大块的石头货币太过沉重，搬运起来十分艰难。"

哎呀，太重啦！

"为什么非要定石头为货币？何必这么辛苦呢？"

才媛哧哧地讥笑起来。头罐同学不予理睬，继续解释道：

"于是岛屿上住的村民没有花力气搬走沉

47

重的石头，而是将它放置在原来的位置。同时，石头的主人召集全村人聚在一起，宣布："从此刻开始，这块石头就属于我了。"就这样，所有人都承认石头的主人进行了更换。沉重的石头还是停留在原地，只是它的主人从这个人换到了那个人。有一次，有个人将石头装在船上，遇上了大浪，石头沉到了大海深处。一同乘坐那艘船的船员跟村民们一说石头的大小，人们就纷纷承认了大海里那块石头的价值。因此，石头的主人用大海里的那块石头买过地，买过房子，还买过船。"

头罐同学往前探着下巴，得意扬扬地说

我亲眼看到石头沉下去了

是一块能用来买房子的大石头

大家都这么说了，那我就信了，将房子卖了吧。

给小朋友的金钱礼物

道："好，听到这儿，你还觉得金钱的本质不是信任吗？"

才媛依然无法接受头罐同学的观点。

"人们也有可能说谎啊？"

"没错，并非所有人都是正直的，或者总是为他人着想。大部分人考虑自己的利益远比考虑他人的利益多，为了自身的利益或者满足自己的私欲而欺诈、伤害别人的也大有人在。"

才媛偷偷地转移了视线，因为她想起了自己跟朋友们撒过的谎和开过的玩笑。

头罐同学以更加确定的口吻，抬高了嗓门说道："要是互不信任，人是没有办法一起生活的。如果无法认可生活在一起的人共同决定的价值，那金钱根本无从诞生。因为金钱意味着对彼此的信任。"

"嗯，那倒是。"

才媛含糊其词，手指在书桌的一角揉搓着。

"哦吼，到现在才相信我的话呀。托金钱的福，交易变得便利，人们得以生产更多的物品。为了交换更多的物品，金钱的量也不断增加。人们将剩下的钱存了起来。拥有大量金钱的那批人与需要用钱的那批人之间借钱还钱的事也不断增多。随着使用金钱的数量和数额不断变大，人们开始想要使用更加便利的金钱，想要原材料价格低廉、获取方便，却能产生足够价值的金钱。"

能 "产生" 价值的金钱

在以前的俄罗斯，貂的毛皮被当成金钱使用。后来毛皮的边角被切短，盖上国家的印章，继续被当成金钱来使用。

给小朋友的金钱礼物

最终出现了用纸张制作的金钱，纸币出现了。

头罐同学瞪得硕大的双眼似乎马上就要从眼眶里迸出来了。

"没有任何材料比纸张更适合用来制作金钱的了。纸张比较普遍，撕起来方便，要制作出和真纸币完全一样的假纸币也很容易。因此可以无止境地造出许许多多的纸币。"

才媛仿佛感觉后脑勺被揍了一拳。她想否认头罐同学的话，却又觉得他的话很有道理，无从反驳。

"一千年以前，纸币首先在中国得到使用。那时的纸币，并不是由国家制作的，只是宋朝商人使用的收据。中国的国土广阔，金属做的钱币使用起来十分不便，保管和运输大量用金属做成的钱币也不容易。因此，当人们将茶、盐等需要交易的商品交给商人时，商人就会给出一张记录商品价值的收据，这张收据被当成

金钱的生命在于信任

钱币来使用。宋朝的皇帝也因此开始垂涎商人使用的这个纸币。"

头罐同学突然假咳了一声，模仿起皇帝的声音。

"我也要将纸张制成钱币来交换物品才行。纸币要多少能做多少，我一定会成为这世上最富有的人。"

头罐同学变回原来的声音。

"皇帝独揽了制作纸币的权力。同时，他还禁止了将布料、谷物和食盐继续作为金钱来使用。他强迫商人们使用国家制作的纸币。可是没有人愿意使用皇帝制作的钱币，最后纸币迫不得已消失了。"

才媛点了点头。这是理所当然的事。

给小朋友的金钱礼物

"在那之后，中国有很多皇帝尝试造过纸币，最终都失败了。不过这些都是在成吉思汗的孙子，即元朝皇帝忽必烈出现之前的事了。"

才媛的眼睛渐渐眯了起来。她原以为成吉思汗是餐馆的名字，现在才恍然大悟，原来这是一个人名。

"忽必烈是一位非常强硬的皇帝，他的命令就等同于法令。忽必烈为了让区区一张纸制成的纸币可被信赖，只承认纸币是唯一可使用的钱币。他甚至禁止了金、银乃至金属制成的钱币在市面上流通。同时他制定了严苛的法律：如果有人敢随意制作纸币，将会失去性命。"

"呵，这位皇帝真可怕。"

"可是元朝能成功地使用纸币，却不只是因为忽必烈可怕，而是因为取得了百姓的信任。忽必烈向百姓承诺，将国家发行的纸币带到官府，一定能给他们换成金子或银子。同时为了遵守这个承诺，国家保管着与所制作的纸币同等价值的金子和银子。为了不让物价上涨，他还花心思设置了多个机构进行管理，确

金钱的生命在于信任

保纸币不被随意印刷。国家随时能将纸币换成金子或银子，因此百姓也将纸币和金银同等看待。所以，从北部的蒙古高原到西部的中亚，纸币不受任何影响，得到了自由流通。"

"哇，太给力了！原来纸币是从那个时候开始使用的呀。"

才媛边感慨边拍起了手。头罐同学慢慢低下了头。

"1294年忽必烈死后，准备用来换纸币的金银被皇帝和贵族乱用一通。同时，钱币一变得不够，他们就制作出比原先更多的量。到了1395年，国家再也无法将纸币换成金子或银子了。纸币完全失去了信用，变成了单纯的纸张，最终消失了。"

"咦？已经制作出来的钱币还有消失的道理？"

"一旦失去信任，金钱就无法再发挥金钱的作用，肯定就会消失。但如果能重新获得信任，无论是什么，都能再次成为金钱。在现代社会，信用本身不就成为金钱了吗？信用卡就是一个最典型的例子。"

给小朋友的金钱礼物

信用卡的原理

购买物品或服务时，出示信用卡，在收据上签名，就算不出示现金，也能够购买商品。购买物品或服务所产生的金额，在一段时间之后，就会从存款账户里自动扣除。

"作为实物保存在金库里的金钱，如今变成了存款账户里的数字。如果我向某某的账户汇款，银行账户里只有数字会发生变化，实际的金钱并不会发生转移。即便如此，只要人们相信信用就是金钱，就没有任何问题。所以到现在你还不相信金钱的本质就是信任吗？"

"知道啦。"

才媛虽然没有表现出来，却无法不认同头罐同学的话。头罐同学低矮的鼻梁简直气势逼人。

"终于能接受我优秀的教诲了呀。太好了！那就顺道给你讲讲中世纪欧洲的金属制造工和黄金保管凭证的事。"

才媛大吃一惊，摆了摆手。

"不用了，不告诉我也行的。"

可是头罐同学不予理会，径自说了起来。

"中世纪的欧洲，曾经有一个金属制造工，他能够对金子进行精密的打磨，做出漂亮的饰品或物件。金属制造工将金子保管在十分结实的金库里，人们只要将金子带过来，他就会给他们写一张保管金子的凭证。"

"和金子收据一样的东西吗？"

"嗯，拿到保管凭证的人，随时都能取回金子，同时这张保管凭证还可以卖给其他人。比起支付金子，支付黄金凭证显得更加便利，因此大部分人会将金子放在金库，使用保管凭证来进行交易，凭证的主人也就不停地在发生变化。偶尔也会有人来寻回自己的金子，但也因为不断有人来保管金子，所以金库里的金子从来没有被用光过。慢慢地，金属制造工动起了歪脑筋。"

"啊哈，我大概知道他是什么居心了。"

才媛表现出一副漠不关心的样子，实际上却对金属制造工的故事充满了兴趣。头罐同学调整了嗓音，模仿起金属制造工的声音。

头罐同学似乎对自己的演技十分满意。

给小朋友的金钱礼物

即使我制作出比寄存在我这里的金子还多的保管凭证，也没人会知道。然后我可以出借保管凭证，那么我即使安安静静地待着，也能靠收利息赚点钱。

金子保管所

"因此，金属制造工发放了比金子保管所里的金子还多的保管凭证。金子主人追问起来的话，他就将自己收到的利息分出去，堵住他们的嘴。金属制造工发放的保管凭证虽然比实际的金子数量多得多，但在秘密没有泄露的情况下，保管凭证就如同钱一样被广为使用。"

那不是诈骗吗？

说什么诈骗之类令人伤心的话，不是有"信用"这样的好词吗？

听到头罐同学嘴里吐出来的话，才媛感觉自己遭到了背叛。到现在为止，头罐同学讲的内容都与信任有关系，或许正因如此，才媛好不容易才将头罐同学视为可信之人，不，可信的脑袋罐子。可如今，那些信任全部碎落一地。才媛顿时勃然大怒。

"信用算什么！这确确实实是诈骗，因为是靠说谎来欺骗别人。如果一定要把这个说成是信用，那头罐同学果然也是骗子一个。"

头罐同学怒视着才媛。

"请直视我的眼睛。如果你把黄金保管凭证称为诈骗的话，那现在所有的银行都在进行诈骗。这正是银行运行的原理。银行接受了富人的钱，再将这些钱借给了需要用钱的人。借了钱的人还钱时，会附上利息一并还给银行。"

才媛一脸疑心地问道："莫非银行借出的钱比预存的钱还多？就像金属制造工拿着不存在的金子去发放保管凭证那样？"

头罐同学用舌头弹出"啪"的声音。

"正确。银行里不存在跟借出的数额同等数量的钱。银行为了获取人们的信任，确实保管着一定数量的金钱。但是如果人们一股脑儿跑去银行要回寄放在那里的钱，银行就会面临破产。银行不具备将所有人的钱都还回去的能力，简单来说就是破产了。"

以前的金子保管所和现在的银行是同一个原理。

头罐同学不知为何看起来很是高兴，很明显是为了惹才媛生气。这个脑袋罐子真是太坏了。

金钱的生命在于信任

"破产的英语是'bankrupt'，意思是裂开的椅子。这个词来源于人们一窝蜂地去要回金子时所发生的故事。排着长队想要要回金子的人们看到金库空了，一时忍不住，全部冲向了金属制造工。他们一边愤怒地大喊'这是个骗局，是诈骗'，一边砸碎了椅子。"

才媛充分理解那些砸椅子的人的心情。如果是才媛的话，她不会迁怒于无辜的椅子，但她会打断金属制造工的腿。

以前在新闻中看到银行倒闭的消息时，只会一脸茫然地想"那样哦"，从来不曾好奇过银行倒闭的原因。

太可怕了！
抖抖抖

金

交出我的金子！

给小朋友的金钱礼物

"现在看来，原来银行倒闭是拿着不存在的钱做生意的缘故呀。哼，真是活该。等等，那人们为什么都爱往银行存钱呢？"才媛气鼓鼓地问道，"银行倒闭了的话，存进去的钱不就消失了吗？为什么大家还要往里面存钱？"

　　头罐同学做了一个奇怪的表情，仰视着才媛。头罐同学的眼光让才媛如坐针毡。最后，头罐同学说道："因为信任。"

　　才媛思考了一下："这个回答比昨天那个还要荒唐不少呢。"

　　但才媛也想不出比"因为信任"更恰当的答案。头罐同学接着说道："信任是人类拥有的一项独特的能力。人们相信某些东西有价值，相信别人会遵守承诺，相信自己的梦想会实现。正因为信任，他们能够完成艰巨的任务，有时候甚至还能做出一些看似不可思议的事，比如将纸张视为黄金。现在人类的所有金融活动，也就是股票、保险、投资等所有的事，都是在信任的基础上完成的。"

　　才媛犹豫了一下，问道："万一信任消失了

61

金钱的生命在于信任

呢？怎么办？我知道肯定不会出现那样的情况，但万一人们对金钱的信任消失了怎么办？"

头罐同学自言自语着什么，但才媛听得不是很清楚。

"你说什么？"

才媛走向头罐同学，却不小心踩到了掉在地上的盖子。她也不清楚盖子怎么会在那里。才媛"啊呀"一声，握住了自己的一只脚。就在那一瞬间，催眠被解除了。

给小朋友的金钱礼物

才媛发现自己正在房间的正中间单脚一蹦一跳，顿时目瞪口呆。

"发生了什么？昨天醒来的时候是坐着，今天醒来的时候居然是单脚站着。难不成是梦游症？"

才媛一瘸一拐地走回自己的床边，躺了下去，然后瞟了头罐同学一眼。头罐同学还是之前放着的样子。

"像个傻瓜。"

才媛气恼地脱口而出后，翻了下身，困得沉沉睡了过去。

金钱的生命在于信任

头罐同学的
第三则小故事

不安全的钱

才媛不知道自己是否患上了梦游症，一整天都坐立不安。

"要跟妈妈说吗？先不了吧，说不定今晚会没事。如果今晚没什么事，就不说；如果同样的情况再发生，就说给妈妈听。"

才媛很想把头罐同学扔得远远的，但她又找不到其他地方存钱。重新买一个存钱罐吧，她又十分心疼钱，她也不喜欢将钱存进银行。

才媛把毛巾盖在头罐同学上面，死死地按住。

"这样做，梦中就见不到这张丑陋的脸了吧。"

才媛一脸悲壮地躺在床上，睡了过去。

才媛一进入梦乡，头罐同学就乱晃脑袋，把毛巾给甩掉了。

"烦死了，干吗把这个盖在我头上？难道是担心我感冒？原来她虽然一个劲儿地嘟囔，却又在担心我呢。话说回来，肚子有点饿，没有什么可以吃的吗？"

书桌上只有书和铅笔，没有任何可以吃的东西。

"怎么能缺了这个？喂，快起来！"

头罐同学一发出"当啷当啷"的声音，才媛立刻就起来了。

"快去拿点吃的东西来。就是你昨晚吃的那种甜甜的零食。"

才媛一下子变得很不耐烦。

"真是个大祸害。你就不能盖上毛巾安安静静地睡觉吗？干吗又叫我起来跑腿，搞得一团糟？因为头罐同学你，我这不是得了梦游症吗？"

"哼，梦游症？什么梦游症？如果患上梦

游症，你怎么有机会了解自己未知的金钱故事？你不是得了梦游症，你是在跟对金钱无所不知的帅气头罐同学聊天呢。"

才媛依然觉得有点反常，问道："白天我精神状态极佳的时候不叫我，为什么非得在我入睡之后才把我叫起来聊天呢？"

"嗯，这个嘛。正如要忘记金钱本身没有价值这件事，金钱才开始拥有价值一样，你也要先完全忘记我只是一个罐子，我才有可能摇身一变成为帅气的头罐同学呀。因此，我得对你进行催眠，而相比清醒的时候，睡着的你更容易被催眠。"

"在没有得到我允许的情况下，你对我进行催眠了？"

才媛内心久久无法平静。头罐同学若无其事地说道："镇定点。我也不知道为什么，就成这样了。等你到我这个年龄，你也会懂的。独自一人彻夜不眠，有时候会很想找人说说话，就算对方是个坏脾气的女孩也行。"

才媛噘起了嘴巴。

"我实施的催眠很弱，对你完全无害。外面只要发出点声音，或者身体稍微接触到什么，反正只要有点轻微的刺激，催眠就会瞬间消失。"

才媛想起前两回的情形。第一次醒来是因为听见了钟响，第二次醒来是因为踩到了盖子。

"现在都知道了的话，快去给我拿点吃的来，肚子饿到快发晕了。"

头罐同学催促着。

"知道啦，别催了。"

尽管才媛十分讨厌头罐同学不经她同意就对她进行催眠这件事，但听一听金钱的故事也还算有趣。不管怎样，当知道自己没有患上梦游症后，才媛瞬间安下心来，欣然将巧克力派带了过来，塞到了头罐同学的嘴里。

"哦哦，真的好美味。真是香甜可口的味道。"

头罐同学嘴里塞满了面包，感叹了一声。完全不知道没有身体的他吃下去的东西流去了哪里，但他吃的是真香。

才媛一点点地咬着留给自己的那一块巧克力派。她喜欢先吃覆盖着巧克力的那层面包，再吃白色的棉花软糖。才媛将面包放进嘴里，边咀嚼边说道：

继续给我讲昨天没讲完的故事吧。

什么故事？

给小朋友的金钱礼物

"我不是问你：如果人类不信任金钱了怎么办？头罐同学你好像说了什么，但我没有听清楚。"

"啊，对，确实是那样。"

头罐同学的眼睛闪闪发光，朦胧的月光把头罐同学的表情衬托得像一个爱捣蛋的恶魔。他在原地滴溜溜地转了一圈，脱口而出："就崩溃了呗。"

"啊？"瞬间，面包卡住了才媛的喉咙，她咳嗽了起来。

"做建筑的时候，使用的尺子刻度歪了、使用的秤坏了会怎样？在没法准确测量长度和重量的情况下，能够建出结实而安全的建筑吗？绝对不可能吧。金钱也是如此。金钱是衡量价值最基本也是最重要的标准，如果连金钱都无法信任的话，那用金钱来标示的价值也将变得不可信，社会将陷入巨大的混乱之中。"

才媛好不容易停止了咳嗽，问道："金钱所标示的价值，是指商品的价格吗？"

"嗯，物物交换时，商品的价值可以互相

71

不安全的钱

比较，但没有价格。随着金钱被用来衡量商品的价值、被用来交换商品，价格才开始出现。零食价格、月薪、税费、交通费、门票、学费、医院治疗费、零钱等生活中经常会碰到的这些所有数额，都是金钱衡量出来的价值。同时，将商品或服务的价格进行综合后取的平均数就叫'物价'。"

才媛回忆起自己曾经在电视上看到物价疯狂上涨的新闻。

"你试着想象一下，如果物价比现在上涨1万倍会怎样？那即便在书包里装满钱，也没法买到一个汉堡。"

"那种事不可能发生吧。"才媛的眼皮微微颤抖。

头罐同学抢着说道："没什么不可能，这种事发生得还不少。国家需要用钱的时候会怎么做？要么大量征收税金，要么大量制作金钱即可。可是一下子征收太多的税金，大家就会起来反抗，因此制作金钱是国家更常用的方法。"

给小朋友的金钱礼物

兴宣大院君制作的钱——"当百钱"

当百钱是什么?

1866 年，朝鲜高宗的父亲兴宣大院君以恢复王室威严的名义复建了景福宫，又为防止他国入侵朝鲜大肆培养军队。建宫殿、训练大规模的军队，当然需要投入大量的金钱和物资。国家没有足够的钱，兴宣大院君为了弥补钱的缺口，铸造了名为"当百钱"的钱币。

"当百钱"相当于当时广为使用的"常平通宝"的价值的 100 倍。大量的钱突然被投放到市场上，物价便开始上涨。1866 年，一桶米的价格为 7 两，两年后疯涨到了 55 两。物价一上升，百姓的生活就变得十分艰难，"当百钱"的价值也大幅下滑。于是，"当百钱"在铸造 6 个月后被禁用了。

这种没用的钱，还不如给狗吃呢.

头罐同学问道："钱一下子变多之后，如果人们制作出的商品数量没变，那会怎样？"

才媛思考了一会，回答道："钱到处都是，

73

钱一变多，物价就会上涨。

给小朋友的金钱礼物

商品变得珍贵，那商品的价格就会上升。"

"是的，没错。物价上升得太过夸张，人们的日常生活就会更加困难。没办法忍受这种痛苦的人们便行动起来，赶跑了国王。"

"等等。"

才媛打断了头罐同学的话。

"之前不是说过，金钱被制作出来之后，金钱的量也在不断增多吗？所以才开始造起了硬币，也造起了纸币。即便放任不管，钱的量也自然会变多，那为什么多造钱反倒成了问题？"

"因为打破了均衡。如果金钱和金钱能够交换的商品能够实现一种自然的平衡，那金钱多一点或少一点并不成问题，理论上是这样。"

才媛将面包部分全吃光后，开始"吸溜吸溜"地舔里面的棉花软糖。已经吃完自己那块巧克力派的头罐同学，羡慕地看着才媛。

"你不吃那部分吗？"

"我准备慢慢吃。那既然现在大家都知道大量印钱会出问题，国家也应该知道了不是吗？这样的话就不会有政府随意印钱这种事了吧。"

头罐同学舔了舔嘴唇。

"那样吃的话该有多好吃，让我也尝一口吧。"

头罐同学用哄骗的语气说道。才媛捏住棉花软糖，一口气放到了嘴里，像是故意气他似的，连手指头都不放过，一根一根舔干净了。

啊，太香了。果然巧克力派的精华就在于这块棉花软糖。

原以为能够吃上一口，眼见希望破灭，头罐同学的眼睛竖成了三角形。他不耐烦地说道："如果发生像战争一样的大事，无论做什么，金钱的秩序肯定都会乱作一团。席卷全世界的战争就更不用说了。"

"席卷全世界的战争？"

才媛的声音微弱得有点反常。头罐同学苦笑了一声，声音更显阴沉，他说道："到现在

给小朋友的金钱礼物

为止，席卷全世界的战争有过两场，其中先发生的那场就是第一次世界大战。"

欧洲国家的殖民地战争

第一次世界大战是欧洲多个国家意图占领更多殖民地而引发的惨不忍睹的灾难。由于航海术的发达，为寻找新的土地而出发的欧洲国家，争先恐后地把非洲和美洲大陆上的大部分国家变成了自己的殖民地。可是，欧洲的这些国家并不满足于自己已经占领的殖民地，它们想要获得更多的殖民地。因为世界上大部分地方都被瓜分完毕，要想获得新的殖民地，这些国家就只好和欧洲其他国家开战。

就这样，第一次世界大战拉开了序幕。德国、奥地利、意大利等国成为一派，英国、法国、俄罗斯等国则成为另一派，两派互相打了起来。这场战争从 1914 年开始，持续了 4 年时间，最终因为德国的投降而结束。

"在第一次世界大战中取得胜利的国家掠夺了德国所有的殖民地，并向德国索要巨额的战争赔偿金。德国为了筹集这笔钱，大肆印钱。生产出的商品和服务的数量没怎么变，钱

不安全的钱

却到处都是，结果会怎样？"

"自然物价会上涨呀。"

"没错，仅仅 6 个月的时间里，德国的物价就上升了 1600 万倍。即便用大车装上成堆的纸币，也难以买到一片面包。好不容易攒够了钱去买东西，却在去买东西的路上遇到物价上涨，最终不得不放弃，这类事也时有发生。因此，比起那些省下工资攒钱的人，整天将工资拿去喝酒并顺带攒下很多啤酒瓶的人反而活

给小朋友的金钱礼物

得更好。"

"呵，啤酒瓶的价值还能高过金钱吗？"

"嗯，事情变成这样，人们也就没法信任金钱了。工作的人领工资的时候，比起领现金，他们更想要进行物物交换。香烟和巧克力代替货币成了交换工具。哪怕是现在，只要哪个地区发生战争或社会十分动荡不安，就会将食盐或香烟当作货币来使用。"

才媛身体发抖，哆哆嗦嗦，发出小狗不舒服时一样的声音。头罐同学有点被吓到了。

"怎么了？"

"我一想到用心攒到现在的钱可能在某一瞬间变得一文不值，肚子就痛。"

快去洗手间！难不成想把我当成夜壶？休想。

才媛一按肚子，头罐同学马上变得惊慌失措。不同于往日，现在的他因为恐惧而憔悴。看到头罐同学吓成这个样子，才媛的心情变好了一点。

"怎么了？难不成过去……"

才媛一发问，头罐同学冷汗直流，避开了她的视线。

"看来头罐同学过去曾被当作夜壶用。且慢，所以我现在是把便盆当成存钱罐来使用咯？"

才媛突然一阵恶心，但同时又想放声大笑。傲慢成那副模样的头罐同学事实上居然是个便盆。于是才媛当面问道："头罐同学，你以前可是个便盆？"

头罐同学呼哧呼哧喘着气，大声喊道："为何硬要揭穿我耻辱的过去？好吧，既然都已经这样了，那我就全都对你坦白了吧。一百年前，我的主人是一位催眠师，他有一个三岁大的孙子。那小子，将他胖乎乎的屁股靠近我，拉了满满一堆冒着热气的大便。唉！恐怕只有老天爷才知道他那么小的肚子里怎么藏了

给小朋友的金钱礼物

那么多大便。"

才媛按着自己的肚子，笑得眼泪都快出来了。大笑一场之后，她的肚子一下子不疼了。头罐同学用生气的口吻说道："都是过去的事了。无论是谁，都一定有过一段心痛不已的回忆，现在的我，比谁都轻快洒脱。"

才媛难以抑制自己的笑。

"太过分了吧。能不能别笑了？你现在这个样子，还不如害怕钱会变成纸片时的那种战战兢兢呢。"

头罐同学的话让才媛回想起了她刚刚感受到的不安。但可能也是因为这次狂笑，才媛不再像之前那般不安。她寻回了内心的从容，瞬间脑海里就浮现出了一个疑问。才媛擦掉了堆积在眼眶里的泪水，问道："但也有可能相反不是吗？也就是说，也可能会有商品多过金钱的时候。"

头罐同学发现话题终于换了，欣喜得不得了，赶紧回答道："当然也有那样的可能。"

"但是已经印出来的钱除非因为着火，不

81

不安全的钱

如果卖 200 韩元的铅笔，价格降为 20 韩元的话……

物价下降的话，就会出现不景气。

给小朋友的金钱礼物

然钱的总量是不会消失的。金钱的量如果减少，再多印些即可，好像不会出什么问题。"

"虽说印出来的钱不会无故消失，但实际上使用的金钱数量有可能减少，或者比起使用的金钱数量，很多商品有可能被过量生产。实际被使用的金钱数一旦少于商品或服务的量，物价就会下降。"

"那挺不错的嘛。用同样数额的钱，不就能买到更多的东西了吗？"

头罐同学摇了摇头。

"尽管短期内看起来是不错，但物价太低也是一个问题。将产品生产出来并拿到市场上去卖，中间会经过一段时间。在这期间，如果商品的价格下降，那企业无疑会遭受损失。企业会用解聘员工或降薪的方式来弥补这个损失。即便如此，如果物价进一步下跌，那生产商品的企业就会减少产量，或者直接中断生产。那些没能赚到多少钱的小规模商店或者负债运营的工厂，会直接破产。"

"呃？头罐同学，你不会想得太悲观了吧？"

不安全的钱

头罐同学没有理会才媛，接着说道："工厂或商店关门大吉，失去工作的人不断增多，人们会因为没钱而渐渐感到压抑。被使用的金钱数量不断减少，也看不到任何解决的方法。这就是所谓的不景气。发展得更严重的话，就会陷入经济危机。"

美国的经济危机

在第一次世界大战中取得胜利的美国，以信用之名借给了企业很多钱。企业建了高层建筑，生产汽车之类的产品并出口到西欧和中南美。但商品过度供给，人们的消费并没有跟上。商品卖不出去，企业就没法还银行的钱，因此纷纷倒闭，出现了大量失业者。

乱贷款给企业的银行最终也没能收回借出去的钱。1930年12月11日，纽约最大的银行——美国银行一破产，50万人存在那里的钱也就不翼而飞。一年时间里，2300家银行关门大吉，1930年到1933年，每周平均产生6.4万多名失业者。

由于企业破产，失业者增加，生产萎缩，消费减少，美国的经济活动陷入瘫痪。这种现象被称为"经济危机"，倘若经济危机扩散到全球，就会出现

"大恐慌"。美国的经济危机会给那些在经济上和美国有着密切关系的国家带来非常大的影响。

———————————————————————————————

才媛不知不觉间叹了一口气。

"钱太多是问题，太少也是问题啊。"

"大部分国家都有一个'中央银行'，中央银行会着手调查在该国家内实际使用的金钱数量，再决定要印刷的钱的数量。韩国的中央银行即是'韩国银行'。"

"啊，我看过纸币上写着'韩国银行'。"

"韩国银行最看重的指标，就是物价稳定。如果物价过分上涨或过分下跌，人们好不容易积攒到的资产就会瞬间消失。物价稳定，人们才能感到满足，才会去工作。"

才媛皱了许久的眉头，在这一刻才舒展开来。

"呼，那关于金钱，只需要相信中央银行就行咯？"

头罐同学冷笑了一声。

"哼，说什么无忧无虑的大话呢。哪怕是非常了解金钱的专家聚在一起作研究，哪怕设立再多关于金钱的机构，人们依然没办法不在金钱这件事上操心。"

才媛好不容易才舒展开的眉头又紧锁了起来。

这又是什么话？给病又给药吗？

头罐同学讨人厌地笑了起来。刚刚被才媛取笑的事，肯定深深印在他的心上，不，他的脑海里。但是头罐同学迅速摆出一副善良的表情。

"要想掌控人们生产出来的所有物品和服务的数量，不大可能。就像你放在我这里的钱一样，其实我也不太清楚你存起来的总数。更重要的在于，不知道金钱的问题将何时、如何爆发的真正理由是……嘿嘿。"

头罐同学装模作样地咳嗽，卖起了关子。才媛则吐了吐舌头，舔了舔上嘴唇，这是她紧张时会有的小动作。头罐同学微微睁开双眼，

86

给小朋友的金钱礼物

说道："没办法完美预测使用金钱的人的心思。专家们会想'在这种情况下人心会如此'，但真正遇到事情，人反倒会往完全相反的方向想。因此，什么时候物价会上涨，什么时候会不景气，完全无从得知。"

才媛快速问道："那就不要攒钱，马上将它们花了如何？这样当钱变得没有价值时，就不会觉得委屈了。"

头罐同学的脑袋一摇一摆，晃来晃去。

"拒绝储蓄是一种十分危险的想法。不储蓄，无疑是放弃金钱的力量。不储蓄的话，当意外发生的时候，就什么都做不了了。与其担

储蓄能帮你更好地利用金钱的力量。

忧，与其不知所措，不如思考如何使金钱变得更安全。这会更好。"

"我不就是为了守住这些钱，才将它们放在你这里的吗？"

"这绝不是安全守护金钱的方法。不管你将这些钱藏得有多深，当金钱的价值消失的那一刻，你的钱也不过是废纸而已。"

"那我要怎么做才能安全守护我的钱呢？"

"你到现在还不知道该怎么做吗？答案只有一个。打造一个值得信赖的社会。这才是安全守住这些钱的唯一方法。"

才媛哭丧着脸。

"哪有说得这么容易。即便我相信，社会也无法立刻成为一个值得信赖的社会不是吗？"

头罐同学斩钉截铁地说道："话是这么说，但只有'信任'，才是在这个一切都不确定的社会共同生活的唯一的路。"

头罐同学的回答反倒激起了才媛无数的疑问。才媛的问题太多，一时不知道该从何问起。

"但是……"

才媛张开嘴还想提问，头罐同学用疲惫的声音说道："今天就先睡了吧。"

才媛一下子呆住了，问道："今晚我不会从催眠中醒来了吗？"

头罐同学露出了微笑。

"你现在正处于疑问特别多的状态，如果此时从催眠中醒来，之后你会很难入睡。今天就这样直接睡到明天早上吧，直到听不见我的声音，沉沉地睡去吧。"

才媛像一头温顺的羊，听了头罐同学的话，躺在床上睡着了。她再也没听到头罐同学的声音。

头罐同学的
第四则小故事

展现新价值的金钱

才媛今天做了一件了不起的事：她把放在头罐同学脑袋里的钱拿到银行去存了起来，只留下了硬币。没有硬币的话，头罐同学就没法发出"当啷当啷"的声音来催眠自己了。

"这是打造值得信赖的社会的第一步。"

才媛一边将之前攒下的钱推向银行柜台，一边这样想道。银行柜员老练地将钱存进去，又把用硬纸张做成的存折递给了才媛。存折的第一页上清楚地印着"288,000 韩元"。

才媛回到家，将存折展开，放在头罐同学面前。

"头罐同学，请看这里。"

给小朋友的金钱礼物

可是头罐同学一动也不动，不成对的眼睛都没有聚焦，空洞洞地不知道在看些什么。失去了生命力的头罐同学不过是一个罐子而已。才媛十分好奇头罐同学醒过来会说些什么。

到了晚上9点，才媛一反常态地早早做好了睡觉的准备。她把拆开包装的巧克力派放在头罐同学面前，然后"嗖"的一声跳上了床。才媛本以为时间太早，自己应该没什么睡意，没想到她头一沾到枕头，就开始轻轻地打起了呼噜。

当啷，当啷。伴随着硬币的碰撞声，才媛醒了过来。她一睁开眼睛，就骄傲地说道："头罐同学，我今天把钱存进了银行呢。"

"怪不得我肚子空荡荡，有点晕乎乎的。哦，我的脸也凹陷了不少嘛。"

头罐同学急匆匆地将他面前的面包吞进了肚子。头罐同学对于存钱的事一声不吭，光顾着吃，这让才媛有点垂头丧气。头罐同学不到一会儿就把面包都吃光了，连嘴角沾着的面包屑也不放过，一概

吧唧

吧唧

93

舔干净了。

"我现在肚子还是有点空。"

头罐同学一边叹息,一边咂着嘴,舔了舔嘴巴。

才媛问道:"那我再拿一个巧克力派过来?"

头罐同学摇了摇头。

"我要管理身材,不能吃太多甜的。你不如放点钱进来。"

"存在头罐同学你那里的钱就是我所有的钱了。按你说的,为了共同打造一个'值得信赖的社会',我把钱都存进银行了。"

头罐同学表情不变地说道:"你把钱创造出来不就得了。"

才媛的眼睛都瞪圆了。

啊?你让我伪造纸币吗?都说这世上无可信之人,看来一点都没错。

94

"不是，我不是指之前存在我这里的钱，是让你制作特别的钱。为了报答我优秀的指点，不如就把这个钱命名为'头罐'吧。"

才媛相当困惑，用疑虑的眼神注视着头罐同学。

"头罐同学，你看着不像肚里空了，该不会是发生了其他事吧？"

头罐同学装作没听见才媛的话。

"制作'头罐'的方法有好几种，最简单的方法就是做成卡片。准备点能写字的卡片，颜色、样式、大小都无所谓。在每张卡片上写下你能做的事，然后分给别人。"

"你说的是孝心卡吗？"

才媛的
孝心卡

洗碗 ★	按摩 ★
跑腿 ★	洗车 ★
洗衣服 ★	打扫卫生 ★

展现新价值的金钱

"笑星卡是什么？"

"不是笑星，是孝心。将我力所能及的家务活，如肩部按摩、洗碗、打扫卫生等写在卡片上，交给爸爸妈妈。如果妈妈拿出'洗碗'的卡片，那我就去洗碗。"

"孝心卡单纯是你在给予而已，因此这不是钱，只是礼物。如果想成为钱，就需要互相给予。比如父母拿着'头罐'，带你去了游泳馆或给你一箱巧克力派，才算是将'头罐'当作钱来花。"

才媛摆了摆手，正色道："如果给了爸妈名为'头罐'的钱，他们就会因为'头罐'而饱受折磨，而代价就是我会被他们敲脑袋。我绝对不会制作那种荒唐的钱的。"

头罐同学脸部的肌肉抽动着，额头上的血管突了起来，别提有多生气了。那副气势就像是要用手在自己胸口上胡乱打一通，要是他有手的话。头罐同学扯着嗓子喊道："不是，到现在为止，我这么用心地为你说明了金钱的方方面面，可是你说的是什么笨蛋话？所谓金

给小朋友的金钱礼物

钱，可不是有着特定面孔的物品，而是由人与人之间的信任作为材料制成的。

"因此，只要有了信任，任何东西都能当作钱来使用。贝壳、羽毛、纸张都能成为钱，为什么'头罐'就不能成为钱？"

只要愿意相信，任何东西都能变成钱。

"肚子空了才这般使性子吗？当然我也是，肚子一饿，就会心情不好，大发脾气。"

才媛觉得自己还是赶快把钱做出来，塞到头罐同学那里会好些。头罐同学正气势汹汹地不停嘟囔着。

"那些优惠券或者百货店商品券不是很自然地被当成钱在使用吗？我们购买商品或服务的时候，会将积分攒到一起，当达到一定的数额时，也会把它们当成钱来使用。"

展现新价值的金钱

才媛现在才稍稍明白了头罐同学让做的"头罐"到底是什么钱。但是还有一个未解之谜，也算是最重要的一个问题。

"到底谁会把我做出的'头罐'当钱来用呢？"

头罐同学气得脸红脖子粗，勃然大怒地吼道："当然是你的父母或周围的朋友呀！你做出来的钱，难不成要让美国人或者中国人来用吗？这个大笨蛋！让你做'头罐'这种钱，没想到你真做了件令人头痛的事呢。哎哟，我的脑袋呀！"

才媛再也忍不下去了。

"你凭什么大喊大叫？你如果总这样的话，我就不做'头罐'了。"

给小朋友的金钱礼物

头罐同学的嘴唇一下子颤抖起来。

"这般流氓行径，你居然敢威胁我，我马上把你……！"

才媛捂住耳朵，伸出舌头，同时大声强调着"屎"，戏弄了头罐同学一番。

我投降，我投降！拜托你别再提"屎罐"这种话。啊，这让我想起曾经的噩梦。

头罐同学重重地摇了摇头。才媛本想继续戏弄头罐同学，后来念及他们之前的情谊，决定不戏弄他了。

"好吧。那你也别发脾气。屎罐，哦不，头罐同学只有亲切地说明一番，我才能做出酷酷的金钱，把头罐同学喂饱嘛。"

头罐同学一脸不情愿地嘟囔道："哼，现在的小孩真是的。"

"你说什么？"

展现新价值的金钱

才媛一发问，头罐同学就开始避开这个话题。

"没什么。我想说什么来着？啊，对了。你如果想做其他种类的钱，也完全不过分。

"人们聚在一起，如果能够做出值得信赖的工具，并同意将其作为交换手段来使用的话，就可以做出各式各样的新钱。就像'区域货币体系'那样。"

"玉？你是说宝石吗？"

"你说什么？这种无知的……！"

头罐同学不知不觉发起火来。但就在才媛噘起嘴准备说出"屎"的那一瞬间，头罐同学终于找回了理智。

"不是。嗯，区域货币体系是指在特定区域生活的人，不统一金钱，而是交换服务或物品的一种体系。区域货币体系始创于20世纪80年代初加拿大温哥华岛上一个名为'卡特尼'的小村庄。当时，卡特尼全村正集体饱受着贫困的折磨。因为经济不景气，工厂和商店都关了门。失去了工作的村民们赚不到钱，就没办法正常购买生活用品，也没办法去医院或剧院。无论他们多么努力，始终找不到任何摆脱贫穷的办法。"

才媛托着腮帮，认真地聆听着。

"当时有一个从英国移民回来的人，叫麦克·林顿，他想到了一个妙招。林顿认为，卡特尼村贫穷的原因不在于资源不足或村民无能。"

才媛歪着脑袋。

"那在于什么呢？"

"林顿判断，卡特尼村庄贫穷的原因是没有能发挥媒介作用的金钱。"

才媛板着脸，噘起了嘴巴。

"这称不上什么新颖的想法，这是理所当

展现新价值的金钱

然的。没有钱，所以大家才都很辛苦。"

头罐同学摇了摇头。

"听我把话说完。林顿的想法之所以特别，在于他解决问题的方法。如果你没钱，陷入了贫穷的困境，你会怎么做？"

"我会去赚钱。"

"我就猜到你会这样做。但无论你多勤劳、多有能力，却都因为情况不允许，而赚不到钱呢？"

才媛突然想起了单杠运动。所谓单杠运动，按字面意思理解，就是用双手握住单杠，身体向上使下巴与单杠分开，用手臂的力量实现身体的悬挂。才媛再怎么练习，也没办法成功，因为她每次想要用力抓住单杠的时候，手指关节就像快断了一般特别痛。有一次，她忍住快要掉泪的疼痛，在单杠上悬挂了7秒。后来的几天时间里，她的手指完全无法展开，最后只好去医院接受治疗。医生跟她说，她手指

上的肌肉都聚到了一起，已经起了炎症，所以不能做那些力不从心的运动。也就是说，不让她去做单杠练习。

大家都会说什么"努力就一定能行"，但也有一些事，不管你怎么努力都不行。同样的道理，不管你怎么努力想赚钱，但如果没有工作岗位、没事可做的话，就没有赚钱的法子。

"我不知道。"

才媛回答道。

"先不要断定自己不知道，再想想。都说'天无绝人之路'。"

因为头罐同学的话，才媛绞尽脑汁，可是也没想出什么好法子，倒是脑袋钻心地疼。这个时候头罐同学补充道："林顿放弃赚钱的想法，转而开始寻找能够扮演金钱角色的物品。"

"金钱的角色，也就是衡量价值的标准？"

"不是，林顿看重的是金钱的媒介作用，也就是将所有价值连接起来的角色。你认真思考一下，人们生产出来的所有价值，也就是产品或服务，是通过钱来转移到被需要的地方的。我现在给你举个例子说明一下。"

"在这个故事里陶罐从哪里去到了哪里？陶匠制作的陶罐，通过钱的连接，从商店去到

1. 陶匠制作陶罐，再把陶罐卖出去赚钱。

2. 苹果商家用卖苹果赚来的钱，送孩子上学。

3. 老师在学校教学生赚钱。

这个陶罐长得真可爱。

请把好吃的苹果卖给我。

1万韩元

4. 老师用在学校赚来的钱来买陶罐，陶匠用卖陶罐的钱来买苹果。

给小朋友的金钱礼物

了老师那里。苹果则从苹果商开始，通过钱的流通，去到了陶匠那里。而'教育'这项服务，同样借助钱，从老师去到了苹果商那里。"

　　"像这般，金钱连接了物品或服务，使被需要的东西能够顺畅地进行交换。但如果金钱没法正常连接物品或服务的话，哪怕有可供使用的资源或服务，人们也享受不到。"

　　"啊，真是那样呢。"

　　"林顿认为，如果能找到发挥这个媒介角色的东西来代替金钱，那村庄肯定能重新恢复活力。因此他开发了能交换物品和服务的电脑系统。"

　　"电脑系统？"

　　面对这一出乎意料的回答，才媛大吃一

惊。电脑系统怎么能担当金钱的角色？

"只要将人们拥有的物品或能提供的服务登记在电脑程序上，就能清楚显示这些物品或服务在哪个位置，同时也能知道谁需要这些物品或服务。

"将那些拥有制作面包设备的人和拥有面粉的人连接到一起会怎样？拥有面粉的人可以将面粉交给做面包的人，回报就是他能免费获得面包。同样，也可以将能教钢琴的人和想学钢琴的人连接到一起。村民们只要加入会员，即便没有钱，也能互相交换物品和服务。这样，以前没办法派上用场的技术或物品，就能够去到那些需要的人那里，给彼此以帮助。"

林顿为了克服缺钱的困难，创造出崭新的钱，不，创造出能够替代金钱角色的东西，这令才媛深感佩服。

"就这样，区域货币体系被广泛应用于照料老弱病残等的各类社会团体，不仅在加拿大国内使用，也被推广到了新西兰、英国、澳大利亚、美国、日本乃至全世界。"

韩国的区域货币

在韩国，如大田、果川、城南、仁川、釜山、龟尾等许多区域，也小规模地使用着区域货币。2004年在龟尾市成立的"爱心环银行"就以如下方式运营着：

1. 如果行动不便的金奶奶要去医院，她可以将去医院的时间和医院地点告知爱心环银行，爱心环银行就会帮忙寻找能够陪同金奶奶前往医院的会员。

2. 爱心环会员里的一位朴大妈答应带金奶奶去医院。朴大妈陪同金奶奶去医院，帮她挂号，一直到她治疗结束，总共花了半天时间照顾金奶奶。

3. 朴大妈拿到了相当于半天工作的报酬——爱心环（钱）。朴大妈可以用这些爱心环完成她想做的事，比如购买其他会员销售的物品，或者去其他会员开的美容院做头发。

"这类型的区域货币体系中有一种叫'时间银行'。"

　　"等等，时间银行是什么？是说'金钱就是时间'的意思吗？"

　　"没错。时间银行是美国人埃德加·卡恩创造的，就是用时间代替金钱来消费。"

　　才媛很难想象如何将时间当成钱来消费。

　　"学习法律的卡恩对'有钱的人和没钱的人连拥有的机会都不平等'这个事实感到十分生气。富有之人能够开发自身的天赋，拥有做自己想做的事的机会；反之，穷人则很少能够得到开发或发挥自己才干的机会。

给小朋友的金钱礼物

"没钱之人备受冷落是个严重的问题。从经济活动的角度来看，穷人买不起东西，他们的存在就很微不足道。比如，有些制药公司不会把付不起药钱的贫穷国家的国民放在眼里，因此也不会花心思研发能治疗贫穷国家常见疾病的药。作为制药公司，它们制造那些有钱人想买的药，显然会获利更多。"

　　才媛也有过这样的经历。放学后，一群朋友说一块去吃炒年糕，而自己却因为没钱，没法加入他们。因为不想让他们知道自己身上没钱，只好找了个借口说自己得早点回家。但那样的时候并不多，再说吃不吃炒年糕，也都无所谓。

因为没钱，无法得到自己想要的东西……

但要是"没钱就无法做自己想做之事"这种情况一直持续下去的话，该有多垂头丧气呀！像治病、上学等一定要完成的事情也无法完成的话，该有多郁闷呀！再加上，如果周围所有的东西看起来都像是为富人而设的话，想必穷人们会更加气不打一处来吧！

　　"令卡恩感到遗憾的一点是，人们并不清楚自己实际上拥有多少能力。在卡恩看来，开车、做菜、阅读、打扫等一些再普通不过的能力，对其他人来说，却是非常急需的能力。他对那些看上去很微小，实际上却能衡量出重要之事的价值的方法进行研究后，想到了一种利用时间做出的钱，也就是'时间银行'。"

　　才媛对"时间银行"这个概念依旧似懂非懂。

　　"时间不正是公平地分配给了所有人吗？无论年纪大还是小，无论是男还是女，无论贫穷或富有，一个小时对所有人都是公平公正的。时间银行就是你为他人花费时间后能够收到相应回报的一种体系。"

　　才媛双眉紧蹙。

给小朋友的金钱礼物

"这和在便利店或餐厅工作 1 小时后收到报酬有什么不同吗？"

"所有人都公平地拥有机会，在这一点上两者是有区别的。并不是所有人都会去便利店或餐厅打工，对吧？让我来给你讲讲卡恩是如何巧妙地利用时间银行的。卡恩首先找到芝加哥的一所学校，试验了自己创造出的时间银行。他让年纪大的学生去指导比自己年幼的学生的学习。高年级学生如果指导比自己年纪小的学生学习 1 小时，那他们就可以获得 1 个时间银行，等攒到 100 个时间银行，就可以去换二手电脑。紧接着就发生了令人惊讶的事。不得已来学校的学生在指导弟弟妹妹们学习的同

时，逐渐感受到了自己的存在是如此重要，也感受到了一份责任感。

"高年级学生还会保护自己照顾的那个学生不被欺凌或不被骗钱。另外，他们也会更加努力学习。怎么样？这样的变化比100个时间银行更珍贵吧？"

才媛挠着自己的脸。

"我爸爸妈妈不用区域货币体系或时间银行。周围也没什么使用的人。这些区域货币体系那么好，为什么大家都不使用呢？"

"区域货币体系的目的不是赚钱，因此很多时候依托于志愿者活动。类似制作一部电影，或者做一次心脏移植手术这种需要花费大量的钱，也需要专业技术的事情，就不是区域货币体系能够承受的了。另外，区域货币体系只适用于村落、学校等有限的空间内部，在其他地方无法被认可为金钱。就像商品券或优惠券一样，也只能在有限的场所被当成钱来使用。"

才媛说道："如果普通的钱和区域货币体系能够共同使用就好了。"

头罐同学点了点头。

"当然啦！所以我才让你制作新的钱，制作'头罐'。说不定普通的钱没办法做到的事，'头罐'却能做到。"

也正是从这一刻开始，才媛才发自内心地想制作新的钱。

"像林顿或卡恩一样制作全新的钱虽然比较困难，但可以模仿着做。如果按照我的方式来的话，无论如何，新钱的名字绝对不能叫'头罐'。那叫什么才好呢？'才媛'？不，这个也太奇怪了。话说回来，要用哪种方式来制作金钱呢？如果能像时间银行一样，将我拥有的能力贡献给他人，再从他人身上获得什么，好像会比较好。但是我拥有什么能力呢？"

才媛首先想到的是画漫画。不过自己的数学学得不错，也可以帮忙指导朋友们的数学作业。自己还很会折纸，会将各种颜色的丝线和珠子做成手镯，会比妈妈更加认真地用喷水器给花浇水，使花盆里的地衣时刻保持郁郁葱葱。在晾晒衣服、叠衣服和搞清洁方面她自认

展现新价值的金钱

做得也不错。

哇哦！自己能做好的事情太多了。可这个怎么做成钱呢？

尽管制作全新的钱本身已足够令人愉悦，但赚到钱后花钱的这个过程更加美好。互相为对方提供所需的东西，关系不就更加亲密了吗？说不定我做出来的钱能够得到推广，大家都说要用我做的钱也有可能。想到这里，才媛十分激动地问道：

"如果很多人都认为需要新的钱，那他们也可以制作与现在用的钱不一样的钱吗？"

"当然。现在的金钱也在不断发生变化。在金钱不断变化的同时，人们的生活也在不停地改变着。未来的钱会和现在的钱一样，以一种不同的方式影响人们的生活。"

"以怎样的方式？"

"这个就要等你慢慢长大、慢慢了解了。在制作全新的钱这件事上，能够扮演重要角色的是现在的小朋友们。"

"我们？"

"是的，所以你要记住，你……"

头罐同学话还没说完就僵住了，因为才媛被环绕在自己耳边的蚊子的嗡嗡声叫醒了。

"哎呀，正是关键时刻，这该死的蚊子。"

才媛气呼呼地赶走了冲过来的蚊子，又向头罐同学问道。

"你要我记住什么？"

变成了罐子的头罐同学没有回答，只留下被路灯的光线投射在墙上的树影，随着风儿不停地晃动着。

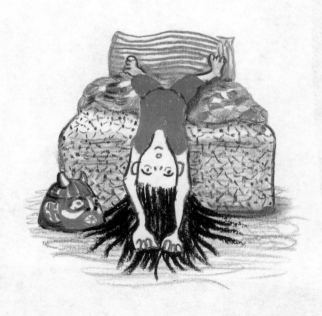

展现新价值的金钱

头罐同学的
第五则小故事

金钱无法体现的价值

今天糟透了，真的是最糟糕的一天。

昨晚才媛熬了一宿，打造出了能在历史长河里久久流传下去的新钱，名叫"嘻嘻"。"嘻嘻"既是才媛创作的漫画，又是所谓的钱。想要获得"嘻嘻"的人，只要答应给才媛东西就行。比如有着漂亮花纹的彩纸啦，又比如教她如何绑玫瑰模样的绸带啦，等等。

才媛决定一有空就画新的"嘻嘻"，让大家愿意收集更多的"嘻嘻"。如果有人给自己特别好的东西，她就给他／她更多的"嘻嘻"。

才媛满怀期待地完成"嘻嘻一号"，用打印机打印了20张，一看时钟，已是凌晨4点。

给小朋友的金钱礼物

才媛将一张"嘻嘻"放进头罐同学脑袋里，又把剩下的"嘻嘻"装进书包后才睡下。她早上起得晚，还迟到了，上课的时候就连坐着都觉得十分疲惫。

在休息时间，才媛拿出"嘻嘻"，想要给她的小伙伴们说明下"嘻嘻"要怎么当钱来使用，没想到小伙伴们都不认真听，就直接带走了"嘻嘻"。拿走"嘻嘻"的小伙伴里，只有启柏、启俊和颖儿这3个朋友说好会给才媛好东西作为回报。启俊答应才媛会借给她漫画书；颖儿说如果她再筹集到7张"嘻嘻"，她会把自己珍藏的玻璃戒指送给才媛；启柏则说等两周后看自己收集到的"嘻嘻"数量，会把妈妈烤的苹果馅饼带给才媛。

才媛总共发出去了17张"嘻嘻"，却只能从3个人那里收到东西，明显就是亏了。尽管如此，她安慰自己，这总比什么都没有的好。然后她开始专心上课，却发生了一件特别糟糕的事。

万秀这个家伙，没给才媛任何东西，厚着

金钱无法体现的价值

脸皮拿走"嘻嘻"后，还在课堂上看起了"嘻嘻"，被老师逮了个正着。卑鄙的万秀居然告诉老师，"嘻嘻"是才媛给他的。才媛向老师说明，"嘻嘻"不是单纯的漫画，而是一种全新的钱。

可惜老师并不像头罐同学那样了解金钱，反而对才媛说，以朋友为对象做生意是不恰当的行为，要求才媛写检讨书。才媛心想："我又没做错什么事，居然让我写检讨书，岂有此理！"

那天晚上，"当啷"的声音一响起来，才媛马上睁开了眼睛，十分详细地向头罐同学描述了自己在学校遇到的一系列祸事，边说还边适当地掺杂了点粗话。她本期待头罐同学能

这真的是，嘻嘻。现在才刚开始，嘻嘻。也有可能发生这样的事嘛，嘻嘻嘻。

给小朋友的金钱礼物

和她一样感同身受，可是头罐同学只是"嘻嘻""嘻嘻"个不停。

才媛怒目相对，把自己的快乐建立在别人的痛苦之上，不停地"嘻嘻""嘻嘻"着，这种人真是太可恨了。于是才媛冷冷地说道："这件事给我的教训就是，按头罐同学说的去做，一定会发生糟糕的事情。"

"嘻嘻，尽管如此，创造'嘻嘻'的过程不快乐吗？孩子们也喜欢，嘻嘻，有多少人说好要给你好东西呀？"

才媛决定不再乖乖地回答问题，而是故意顶撞头罐同学道："从现在开始，我会讨厌钱。"

头罐同学感到有点莫名其妙。

"这是什么话？嘻嘻，钱给你机会，让你去选择重要且有价值的事情，也帮助你发挥你的才能。现在你居然说讨厌钱，嘻嘻，真是可笑极了，嘻嘻嘻。"

头罐同学不停地在"嘻嘻嘻"，才媛简直听不清他在说些什么。

"你到底在说什么？把话讲清楚点。"

"嘻嘻嘻，既然你那么强烈地恳求我，那我就讲得更明白些。嘻嘻嘻，哎哟喂，可是我为什么止不住想笑呢？嘻嘻嘻。"

才媛抬起视线，想到头罐同学会这样估计是因为他脑袋里放着"嘻嘻"，自己居然没想到会有这等副作用。

才媛赶紧将头罐同学的盖子打开，取出了"嘻嘻"。"嘻嘻"一被取出，头罐同学的笑意一下子消失，恢复了以往的神情。他为了找回不久前失去的威严，比平常任何时候都要稳

要想实现物物交换，彼此想要的东西得互相吻合。

重地说道："在钱还没有出现的时代生活的人，不管他们是否愿意，都必须围绕着生活中必须要做的事情度过自己的一生，比如种种田，养养家畜，织织布……"

"他们通过物物交换，不也能够得到自己需要的物品吗？"

"通过物物交换得到的东西十分有限，互相之间交换的东西得完全吻合才行，这相当不容易。幸亏有钱的存在，人们可以摆脱亲手制作或四处奔走寻找自己想要之物的生活，将更多的心思花在艺术、运动、文学、政治等自己喜欢且擅长的事上。运动员、艺术家、科学家、政治家等各个领域的专家，也是托了钱的福才能够出现的。没有金钱的时代，能有高迪之类的建筑师、金妍儿这样的运动员和史蒂芬·乔布斯这样的企业家吗？"

头罐同学自问自答道："绝对不可能有。如果是过去那个物物交换的时代，高迪、金妍儿或史蒂芬·乔布斯他们连展示才能的机会都没有。"

"哦，原来如此。"

才媛点了点头，自己本以为钱只是在交易物品这件事上有点用途，没想到还扮演着更为重要的角色。看到才媛展现出浓厚的兴致，头罐同学再次洋洋得意地说道："和其他动物不同，人是会做梦的……"

"咦？小猫这种动物也会做梦呀。"

才媛一插嘴，头罐同学就发起脾气来。

"我说的不是那种睡觉时做的梦，是想象自己想要的东西的梦啦。"

"人类梦想过在天上飞，在海底游览世界，在宇宙探险。如果缺少将这些梦想转化为现实的资本，这些梦也不过止步于一个个想法而已。"

"纸本是什么？"

"什么？纸本？真是太无知了，你还不如直接说'书本'呢！"

说真的，才媛对头罐同学这种挖苦的语气感到强烈不满。要不再把"嘻嘻"放进他的脑袋里？就在才媛把玩着口袋里揉皱了的"嘻嘻"时，头罐同学开始长篇大论地介绍起了资本。

给小朋友的金钱礼物

"所谓资本，就是制造商品需要用到的资源的统称，包括钱、土地和劳动力等。

苹果主人要全部吃掉的苹果不属于资本。

为了拿到市场上去卖而保管起来的苹果属于资本。

"制造物品时暂时用不到而保存下来的东西，从这一刻开始就成了资本。土地或金子这类资源能展现的价值有限，但是纸币或以信用为原料生成的银行账户就能发挥无穷无尽的价值。以信用为基础的钱一出现，汇集天文数字般的资本就成为可能。因此，制造探索海洋深处的设备、向宇宙发射火箭、开发能够寻找身体内部癌细胞的机器人等需要昂贵费用的梦想就得以变成现实。电力或汽车这类发明，电影、时尚、奥林匹克等文化和艺术，无疑也是

金钱无法体现的价值

探索宇宙要花的钱非常非常多。

能给国家带来利益的事，当然要借钱给他呀。

国家也会出借资本。

依托巨额资本的力量打造出来的。"

才媛大吃一惊，不由得张大了嘴巴，心想："哇，金钱的力量真是太强大了。只要有钱，没有做不成的事呀。"

头罐同学目不转睛地盯着才媛，好像就快要看穿才媛内心深处的想法。他有些沉重地张开了嘴巴。

"金钱确实能做成很多事，可是……"

头罐同学讲到一半忽然停下了，才媛抬起了一边的眉毛。

"可是什么？"

头罐同学小心翼翼地挑选着词汇，慢慢地说道：

给小朋友的金钱礼物

越是将钱看得伟大，越容易出现副作用。因为大家会把金钱体现出的价值看作价值的全部。

才媛有点混乱了。

"金钱就是丈量价值的标准，因此接受金钱标示的价值，不是一件理所当然的事吗？怎么会出现副作用呢？"

"金钱没办法展示出所有的价值，它只能体现经济活动中所需要的价值，或是像社会定义出来的类似罚金一样的价值而已。因此，金钱展现的价值并非价值的全部。"

才媛双眉紧蹙，用手指死死地按住自己的脑袋。

"所以你是让我不要相信金钱标示的那个价值吗？听起来就好像让我不要相信钱似的。"

头罐同学忽然压低了声音。才媛为了听得更清楚，把耳朵往前靠了靠。

"我不是指那个，我是说，我们都应该好好考虑下金钱标示出的价值之外的那些价值。

127

你思考一下一棵树的价值。一棵树能够释放出氧气，使空气变得干净，下雨或刮风的时候还能防止土壤流失。树能使周围的风光变得更优美，给人们提供乘凉的地方；还能给无数的昆虫、鸟类和动物提供安乐窝。这全部都是一棵树的价值。但是用金钱标示的一棵树的价值，就仅仅是木材市场交易的树木价格而已。如果一味地看重金钱标示出的价值，那人们就会把树木胡乱砍光，因为将树木砍完卖掉的话，马上就能获得收益。"

才媛"砰"的一声捶了下书桌。头罐同学因此颤抖了一下，不知道是不是因为下巴酸痛，他的嘴巴动来动去。

这太过分了！

给小朋友的金钱礼物

应该如何计算一棵树的价值呢？

"很多人只关注金钱体现的价值而胡乱砍树，因此树林不受控制地减少。失去了生活空间的生物们也就一起消失了。"

才媛在学校曾看过关于这方面内容的电影。电影的大致内容是，为了工业开发，郁郁葱葱的树林渐渐消失，工厂和汽车排放的废水和废气污染了空气、土地和水，结果是，臭氧层遭到破坏，二氧化碳不断增多，地球温室效应也因此加剧。

129

金钱无法体现的价值

老师说过，因为我们没有珍惜物品，所以工厂才不停地生产，由此带来了环境污染和资源流失。因此，提倡我们要对物品进行循环使用或者省着用。

才媛不知不觉低头看到了自己的书桌。这是一张由棕色木材制成的书桌。一开始堂姐想把自己用过的书桌拿给她用，但她执意想买新书桌，所以才有了这张书桌。才媛默默地将自己的手从书桌上拿开。

才媛一直认为破坏环境和自己毫不相干，那是大坏蛋才会做的行为。但是正因为有人想买木制书桌，树木才会被砍不是吗？那固执己见坚持要买新书桌的自己，不也成了破坏环境的帮凶吗？才媛的思绪开始变得复杂起来。

一直注视着才媛的头罐同学像讲悄悄话一样说道："只有同时考虑到金钱标示出的和没标示出的价值，才会有保护树木的决心。那就不至于坚持要买新书桌，而是会欣然接受旧书桌了。"

才媛的脸变红了。头罐同学没有指责才媛，他依然斩钉截铁地说道：

给小朋友的金钱礼物

一定要考虑到金钱没有标示出的价值，才不会对穷人和自然界滥用暴力。

迫于钱的威力而流离失所的人们

首尔市为了实施再开发项目，决定对龙山四区的住宅和商店进行拆迁。然而他们给要搬迁到新地方去的居民的补偿金极少。2008年11月起，拆迁开始了，那些还没找到住所的拆迁住户在寒冷的冬天被赶到了大街上。陷入绝境的拆迁居民在建筑屋顶举行了示威，在警察驱散他们的过程中发生了火灾。结果，5名拆迁居民和1名警察死亡，23人受伤。

"最重要的是，你认为何种价值重要，你接纳何种价值，你的未来也会因此而决定。"

才媛的嘴微微张开。

"你还记得第一天我说罚金决定了人的价值的时候，你说了什么吗？"

当然记得，才媛攥紧了拳头。

"我说这是不对的，一点都不像话。"

"为什么不像话呢？"

"因为我觉得不能像物品一样给人标价，这是常识。"

头罐同学再次问道："可为什么赚钱多的职业比赚钱少的职业更受欢迎呢？为什么钱一多人就得意扬扬，没什么钱连自己也会觉得寒酸？"

才媛本来想说"不是所有的人都是这样的"，后来却放弃了。很多人，甚至是自己，都跟头罐同学说的没两样。

才媛曾经迷迷糊糊地想过，自己未来要当一名律师。当然艺人也不错，作家、科学家也都挺好。但是这些所有关于未来的愿景里，有一个共同点就是：可以赚很多钱。

给小朋友的金钱礼物

是否可以用钱决定一个人的价值?

正因如此，自己想成为那种赚很多钱的律师、受欢迎的艺人、知名作家或成功的科学家，不想做那种赚不了多少钱的律师、没有人追捧的艺人、谁也不认识的作家或者失败的科学家。

头罐同学问道："用能获得的钱的数量来决定一个人的价值，这跟过去以罚金来衡量一个人的价值有什么区别？"

才媛紧紧抿着嘴唇，一句话也不说。不，是无话可说。她的脑袋空得像一张白纸。头罐同学轻轻地摇了摇头。

"一棵树除了钱标示出的价值以外，还存在着其他重要的价值，人也一样。不要局限于钱所展示的价值，将目光放在自己身上，一定还能发现许多闪光点。被发现的这些优点能改变自己的未来。如果你能从画漫画这件事上找到自身的价值，哪怕目前计算成钱并没有什么价值，也依然可以快乐地画漫画。"

飞速讲完这些话的头罐同学停顿了一下，松了口气。

才媛感觉压在自己胸口的小石块好像一下子消失了。自己最喜欢画漫画了，可是过去从来没有人在这件事上鼓励过自己，反而是让自己把画漫画的时间放在学习上的人更多。才媛为头罐同学说出的"快乐地画漫画"这句话而感到开心。

"林顿、卡恩之所以能够做出区域货币体系或时间银行这样酷的钱，也正是因为他们了解到了金钱无法展现出的价值，并坚信所有的价值都同等珍贵。"

头罐同学停下话头，深情地望向才媛，就

像非常亲密的朋友，就像父母看着子女那般。才媛想把自己的额头贴在头罐同学身上，好不容易才忍住了。头罐同学柔声说道：

试着找出某个对象身上隐藏着的多样价值吧。只有那样，钱才能发挥真正的作用。

真正的作用？

才媛嚅动着嘴唇。嗓子有点哑，声音有点发不出来。

"人与人之间建立美好的关系，每个人都能实现自己的梦想，这就是金钱真正的作用。只有做到这样，钱，才是大家梦想中的钱。"

"你说大家梦想中的钱？真有这种钱该多好。"

才媛自言自语道。这时她产生了一个美好的想法，不是普通的好想法，而真的是特别棒的、让人忍不住激动的那种好想法。才媛的眼睛闪耀着光芒，说道："我会把从头罐同学这里听到的故事，一点一滴地画成'嘻嘻'的。之后我再将它们分发给父母和老师看。他们看了会对钱有更多的了解，同时还会接受'嘻嘻'不仅仅是简单的漫画，而是一种崭新的钱这件事。如果我不停地把'嘻嘻'画下去，说不定也会慢慢知道，如何才能创造出更好的钱。那还不是结束，我还会将头罐同学的故事写成一本书，一本关于钱的书。"

才媛的脸烫成了粉红色。头罐同学估计是听到了自己的故事要变成一本书这句话，感动得眼眶都湿润了。

"不错，真是一个棒极了的想法。"

头罐同学一阵欢呼，"腾"地蹦了起来。就在头罐同学飘在半空中的那一瞬间，才媛从催眠中苏醒了过来。

外面什么声音都没有，皮肤也没有碰到任何东西，就连空气也似乎静止了一般，房间里十分安静。尽管如此，才媛还是醒了。

金钱无法体现的价值

头罐同学就那样猛烈地跌向地面。

当啷啷!

头罐同学发出震天的声响,摔成了碎片。

紧接着,妈妈打开房门冲了进来。她一会儿看看站立在书桌旁的才媛,一会儿看看已经破碎得看不出样子的罐子,吓得魂不附体。

"哎呀,这是发生了什么事?哪里受伤了吗?"

才媛没有说话,俯视着摔成碎片的头罐同学。

才媛心里没有任何感觉。就像手指头被割破的那一刻不会感受到任何疼痛,总要过一会儿才会感到刺痛一样,说不定自己的心将来才会感到受伤。可是才媛也不清楚自己是否一定会那样。按头罐同学的话说,人心就是这样,一会儿这样,一会儿那样,总是难以预测。

才媛将手放进口袋,手指末端感受到了"嘻嘻"沙沙作响的触感。那一瞬间她确定了一件事。

头罐同学的价值依然还在,如同原料消失但价值依旧存在的钱一样。"嘻嘻"就是这一切的证据,将来要写的书又会成为另一种证据。

妈妈摸了摸才媛的头。

"碎了真是可惜呀。"

才媛像是要痛哭一场般抽动着嘴唇，可是又立刻露出了隐约的微笑。

"没关系，因为头罐同学的价值并没有消失。"

写到这里，才媛和头罐同学的故事就要结束了。头罐同学碎了之后，才媛依然坚持不懈地制作着"嘻嘻"。但充满野心开始创作的"嘻嘻"最终消失了，没能在历史的长河中站稳脚跟。

才媛长大了，做上了自己最喜欢的事情，那就是制作配着漫画的图书。又是一个草虫断了翅膀嗷嗷大哭的夏日夜晚，才媛坐在书桌前正思考着要写什么内容的书，突然想起了小时候那个脑袋模样的存钱罐。

这时你是不是在思考"难道……"？没错，写这本书的人正是才媛，她正是为了给大家展示头罐同学留存下来的价值。

金钱是如何演变的?

公元前 10000—前 6000 年

牛羊猪等家畜或粮食、食盐，被当作货币使用，贝壳也在亚非地区被当成货币来使用。

公元前 2000 年

美索不达米亚地区有保管和出借粮食、金属的"银行"存在过。

公元前 1000—前 700 年

在中国，人们使用过金属货币。长得像农具的铲币、刀模样的刀币以及外圆中间有一方孔的青铜币都被使用过。

910 年

中国最先发行了用纸张做成的钱，即纸币。

1633—1672 年

欧洲的金子保管所发展成了银行，黄金凭证被当作纸币使用。

19 世纪头 10 年后期

今天使用的货币（纸币和硬币）在全世界普及开来。

20 世纪 50 年代

美国几家企业开始发放信用卡。

1995 年至今

金融交易的大部分内容用电子计算器处理，取代了纸币或硬币的直接交换。

献给所有喜欢金钱的小朋友们

你好！我是非常非常热爱金钱的才媛。

在我很小的时候我十分喜欢金钱，长大一些之后我依然喜欢金钱，直到现在我仍然喜欢金钱，未来的我也会一如既往地喜欢金钱。

"我喜欢金钱"这件事本身不会发生任何改变，但是我喜欢金钱的理由却一直在变。

在我很小的时候，我因为金钱好看而喜欢上它。

因此，我会收集各个国家的金钱，一边欣赏这些金钱一边自得其乐。

长大一些之后，我因为金钱能购买零食或玩具而喜欢它。

上班的时候，我喜欢把钱存在银行，并想象能用这些钱做点什么事（那时的我不怎么喜欢花钱）。

现在，我则喜欢花钱来治疗疼痛的地方，

或者和喜欢的人一起做喜欢的事。

我也不知道自己往后会因为什么理由而喜欢金钱。

那应该取决于我以后想要成为怎样的人。

我喜欢金钱的理由之所以不断在发生变化，是因为每时每刻我对金钱的看法都有所不同。

例如，是把金钱看作漂亮的物品，还是把金钱当作能够用来获取物品或为未知的将来作准备的工具，抑或是认为金钱是一种维系自己和他人美好关系的手段。

看法不同，我喜欢金钱的理由和对待金钱的态度也会不同。

同时更重要的是，通过金钱获得的幸福也有所不同。

我希望你们也为了自己的幸福，思考一下该如何看待金钱。

2015 年 8 月

权才嫒

献给所有喜欢金钱的小朋友们